Bibliografische Information der Deutschen Nationalbibliothek:

Die Deutsche Bibliothek verzeichnet diese Publikation in der Deutschen Nationalbibliografie; detaillierte bibliografische Daten sind im Internet über http://dnb.d-nb.de/ abrufbar.

Impressum:

Druck und Bindung: Books on Demand GmbH, Norderstedt Germany
ISBN: 9783346005748

Dieses Buch bei GRIN:

https://www.grin.com/document/495969

Theo Hottner

Ein Jahrhundert Windkanaltechnik

Bilanz und Perspektive

GRIN Verlag

Ein Jahrhundert Windkanaltechnik. Bilanz und Perspektive.

Th. Hottner

1) Historischer Rückblick.

Die Nutzung der Windkraft ist alt. Auf rein empirischer Grundlage bauten die Menschen früher Kulturen Windmühlen zur Befreiung von körperlicher Arbeit. In ihren Segelschiffen legten sie mit Windkraft große Distanzen auf den Weltmeeren zurück.

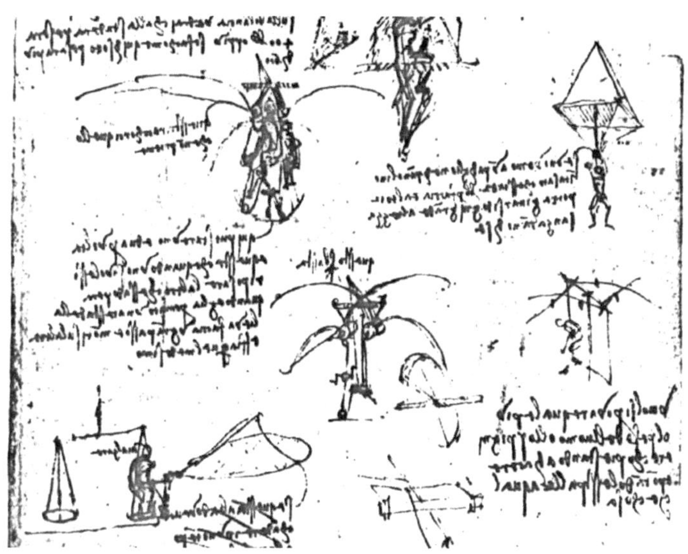

Bild 1. Leonardo da Vinci (Auszug aus dem Codex Atlanticus)

Der Vogelflug animierte die Menschen zur Nachahmung dieser eleganten Fortbewegung in unserer Atmosphäre. Leonardo da Vinci entwarf Konzepte zur experimentellen Ermittlung der Tragkraft von Flügeln. Ein Skizzenblatt im *Codex Atlanticus* zeigt die Kraftmessung an einem Schlagflügel mittels einer Balkenwaage.
Noch vor Erfüllung des Menschheitstraums vom Fliegen machte sich Leonardo da Vinci auch schon Gedanken über Rettungseinrichtungen im Fall von technischem Versagen des Fluggeräts. So wird auf dem gleichen Skizzenblatt auch das erste Fallschirmkonzept vorgestellt.
Die Messung von Strömungskräften beschäftigte auch spätere Naturforscher mit unterschiedlichen Versuchsanordnungen. Mariotte untersuchte i. J. 1670 die Strömungskräfte auf ein ruhendes Versuchsobjekt in fließendem Wasser. Im Jahre 1746 baute Robins als Modellträger einen Rundlauf mit Gewichtsantrieb. Den Schwerkraft-Antrieb über Seilzug-Umlenkrollen benutzten auch Borda (1763) und d'Alembert (1775) zum Schleppen von Modellen in Wasserbassins. Lilienthal erweiterte die Rundlauftechnik zur Ermittlung zweier Strömungskraft-Komponenten: Auftrieb und Widerstand.
Gegen Ende des 19. Jh. eröffneten neue Technologien der Strömungsversuchstechnik neue Wege bei ruhendem Versuchsobjekt. In der britischen Royal Aeronautical Society lief schon i. J. 1880 ein Windkanal mit Radialventilator. Das Ejektorprinzip, bei welchem

anstelle eines Gebläses ein Dampfstrahl als Windkanal-Antrieb benutzt wird, geht auf Phillips zurück. Mit Dampfkraft setzte Langley (1891) auch seinen Rundlauf in Rotation. Aus der Entwicklung der Verkehrstechnik ergaben sich dann weitere Alternativen in der Schleppmethode. Als Modellträger dienten Lokomotiven (Ricour 1885), Autos (de Gramont 1910) und Flugzeuge (Dorant 1910).
Das vorherrschende strömungsmechanische Forschungsgerät wurde dann aber aus messtechnischen Gründen zunehmend der Windkanal. Der von Ludwig Prandtl im Jahre 1917 bei der Aerodynamischen Versuchsanstalt in Göttingen gebaute Windkanal wurde als *Göttinger Bauart* zum Standard für viele Nachbauten. Sorgfältig gestaltete Luftrückführung mit Umlenkecken aus Schaufelgittern in Verbindung mit Wabenförmigem Gleichrichter und Sieben in der Beruhigungsstrecke vor der Düse bürgten für eine hohe Strömungsqualität in der Freistrahlmessstrecke von 2,23 $^{\varnothing}$ m. Bei einer Antriebsleistung von 315 kW wurde eine maximale Strömungsgeschwindigkeit von 58 m/s erreicht. Die der Antriebsleistung korrespondierende Wärmemenge konnte beim Prandtl-Kanal noch über die Oberfläche des Windkanals abgeführt werden. Die inzwischen erfolgte Leistungssteigerung der Windkanäle in den zweistelligen Megawatt-Bereich erfordert zusätzlich einen Kühler im Kanalkreislauf zur Abführung der Prozess-Wärme.

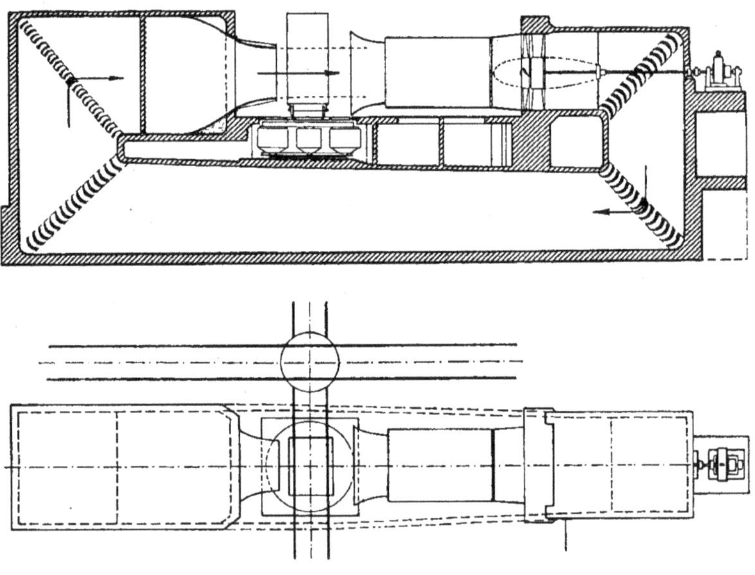

Bild 2. (Prandtl-Windkanal 1917)

Die rasante Entwicklung der Luft- und Raumfahrt erforderte auch eine beträchtliche Ausweitung der im Windkanal simulierbaren Geschwindigkeitsbereiche bis hin zu Hyperschall-Geschwindigkeiten in vielfältigen Konzeptionen von Versuchsanlagen. Damit kommen durch extreme Gas-Temperaturen im Strömungsfeld auch Realgaseffekte ins Spiel.

2) Fundamentale Gesetze der Strömungsmechanik.

Die Wechselwirkung der Strömungsgeschwindigkeit w mit Druck p und Temperatur T des Fluids dominiert die angewandte Strömungsmechanik und auch die Windkanaltechnik. Im Folgenden werden diese fundamentalen Gesetze erörtert.

a) Bernoulli-Gleichung

Diese Gleichung beschreibt die Wechselwirkung zwischen Strömungsgeschwindigkeit w und dem Druck p unter der Voraussetzung einer konstanten Dichte ρ des Fluids:

$$p + \rho w^2/2 = const = p_0$$ (= Kesseldruck bzw. Druck im Staupunkt)

Bei der Entspannung eines Gases in einer Windkanaldüse von dem vor der Windkanaldüse herrschenden „Kesseldruck" p_0 auf den statischen Druck p resultiert die Strömungsgeschwindigkeit w.

Im Feld eines umströmten Körpers summieren sich der lokale Druck p und der von der Luftdichte ρ und dem Quadrat der Strömungsgeschwindigkeit w abhängige Staudruck wieder zu dem konstanten Ruhedruckwert p_0. Der Reibungseinfluss beschränkt sich auf die dünne Wand-Grenzschicht des Objekts. In dieser fällt, abweichend vom Bernoulli-Gesetz, die Strömungsgeschwindigkeit bei konstantem, vom Grenzschichtrand her aufgeprägtem Druck auf den Wert w = 0 (Haftbedingung).

Die technische Nutzung dieser Wechselbeziehung von lokaler Strömungsgeschwindigkeit und Druck beeindruckt immer wieder beim Abheben eines vollbesetzten Flugzeugs, gerade betankt mit dem tonnenschweren Treibstoff aus einem Tanklastzug. Bei der Abschätzung des auf den Fluggast entfallenden Tragflächenanteils kommt man gerade auf etwa die Hälfte seiner Passagiersitzfläche (Touristenklasse). Mit Erreichen der Reisefluggeschwindigkeit ist aber selbst dieser kleine Tragflächenanteil noch etwa um den Faktor 3 zu groß und zwingt zu wirtschaftlichem Flug in Flughöhen bis 12 km bei entsprechend niedriger Luftdichte.

Die In der Bernoulli-Gleichung als konstant angenommene Dichte ρ im Strömungsfeld gilt näherungsweise nur bis zu Strömungsgeschwindigkeiten von etwa 100 m/s. In der heutigen Luft.- und Raumfahrttechnik wird dieser Grenzwert weit überschritten und macht eine erweiterte Formulierung der Bernoulli-Gleichung notwendig, in die auch die Thermodynamik einbezogen wird. (s. Tabelle 1).

Zur Erweiterung des Gültigkeitsbereichs der Bernoulli-Gleichung auf hohe Strömungsgeschwindigkeiten wird an Stelle der Dichte ρ die Schallgeschwindigkeit a als neuer Stoffwert eingeführt, welcher implizit die Gasdichte ρ einschließt.

$$a = \sqrt{\varkappa p/\rho} = \sqrt{\varkappa RT}$$

mit $\varkappa = c_p/c_v$ (Verhältnis der spezifischen Wärmen. Adiabatenexponent)
R = Gaskonstante
T = absolute Temperatur

Mit der Einführung der Schallgeschwindigkeit a als neue Stoffgröße gelingt auch die Transformation der Bernoulli-Gleichung in eine dimensionslose Form. Mit dem Adiabatenexponent ϰ kommt nun noch eine zweiter Stoffwert ins Spiel. Die Variabilität dieser neuen, zusätzlichen Stoffgröße tritt erst in extremen Temperaturbereichen auf, worauf bei der Erörterung des Energiesatzes noch eingegangen wird.
Die anstelle der Dichte eingeführte neue Stoffgröße a mit der Dimension einer Geschwindigkeit ist auch in strömungsmechanischer Hinsicht bedeutungsvoll. Schwache Störungen im Strömungsfeld breiten sich mit der lokalen

Schallgeschwindigkeit a aus. Somit wird die mit a normierte Strömungsgeschwindigkeit als Machzahl Ma = w/a ein wichtiger Ähnlichkeitsparameter.
Die Flugmachzahl, definiert als Fluggeschwindigkeit bezogen auf die in Flughöhe vorliegende ungestörte Schallgeschwindigkeit erlaubt folgende Klassifizierung des Strömungs-Charakters:

$Ma_\infty < 0.3$	inkompressible Unterschallströmung
$0.3 < Ma_\infty < 0.8$	kompressible Unterschallströmung
$0.8 < Ma_\infty < 1.3$	transsonische Strömung. Unterschall- und lokale Überschallgebiete
$1.3 < Ma_\infty < 5$	Überschall-Strömung
$Ma_\infty > 5$	Hyperschall-Strömung (Mach-Unabhängigkeitsprinzip bei Vernachlässigung von Realgaseffekten).

Bei Überschall-Strömungen verursachen Verdichtungsstößen eine Drosselung des Ruhedruckes p_0 im Strömungsfeld auch außerhalb der Grenzschicht.

b) Energiesatz

Der Energiesatz beschreibt die Wechselwirkung zwischen Strömungsgeschwindigkeit und Gastemperatur. Die Tabelle 1 zeigt die dimensionsbehaftete und dimensionslose Schreibweise dieses Fundamentalgesetzes. Im Gegensatz zur Bernoulli-Gleichung gilt der Energiesatz auch in Überschall-Strömungsfeldern mit Verdichtungsstößen und –mit einer kleinen Einschränkung- auch in der Reibungsschicht bei adiabater Wand.
Die praktische Auswirkung des Energiesatzes zeigt das Beispiel des inzwischen außer Dienst gestellten Überschallflugzeuges Concorde. Für eine Reiseflugmachzahl Ma = 2 errechnet sich mit $\varkappa = 1{,}4$ ein Verhältnis von Staupunkttemperatur T_0 zu der in Reiseflughöhe herrschenden Lufttemperatur T zu $T_0 / T = 1{,}8$. In dimensionsbehafteten Werten ausgedrückt:

Lufttemperatur in 20 km Reiseflughöhe T = 223 K (- 50 °C)

Temperatur im Staupunkt (w = 0) T_0 = 401 K (128 °C)

Wegen der Haftbedingung an der Wand (w = 0) liegen dort in der Grenzschicht die gleichen kinematischen Verhältnisse wie im Staupunkt vor. Somit wäre aus dem Energiesatz auch die gleiche Aufheiztemperatur T_0 zu erwarten. Mit dem starken Geschwindigkeitsgradienten in der Grenzschicht ist jedoch ein starkes Temperaturgefälle zur Außenströmung gekoppelt mit der Folge eines Wärmeflusses innerhalb der Grenzschicht. Dadurch wird die Aufheizung der Wand auf die sogenannte Recovery-Temperatur geringfügig abgeschwächt. So fällt die Wandtemperatur am Rumpfende der Concorde durch die gewachsene Grenzschicht auf den Wert von „nur" ca. 91 °C. Trotzdem gilt bei adiabater Wand der Energiesatz in der Bilanz auch in der Grenzschicht, wenn auch nicht schichtweise. Für den für die Aerodynamik zuständigen Ingenieur sind diese Temperaturbereiche noch unproblematisch, gelten doch noch die Gesetze des idealen und kalorisch perfekten Gases. Der mit der Wärmedehnung der Flugzeugzelle bei Überschallflug konfrontierte Konstrukteur hatte aber hier ein Problem.

Bei Raumfahrt-Missionen ist das Geschwindigkeitsniveau von Raumflugkörpern deutlich höher:

Satelliten- Kreisbahn-Geschwindigkeit	7,9 km/sec
Fluchtgeschwindigkeit aus Erdschwerefeld	11,2 km/sec

Entsprechend hoch ist das bei Raumfahrtmissionen auftretende Temperaturniveau, bei welchem das Gasverhalten stark von den Gesetzen des idealen und kalorisch perfekten Gases abweicht. Der Adiabatenkoeffizient $\varkappa$ wird hier eine Funktion der Temperatur und bei Anregung träger Freiheitsgrade darüber hinaus auch zeitabhängig $\varkappa(T, t)$.

Der Adiabatenkoeffizient $\varkappa$ lässt sich aus der Gaskinetik auch über die Freiheitsgrade f der Gasmoleküle wie folgt definieren:

$$\varkappa = (f + 2) / f$$

Unsere irdische Atmosphäre besteht im Wesentlichen aus einem Gemisch von zweiatomigen Gasen, deren Atome nach Art einer Hantel im Molekülverbund stehen. Daraus ergeben sich drei Freiheitsgrade der Translation und zwei Freiheitsgrade der Rotation und daraus der Adiabatenexponent zu

$$\varkappa = 7/5 = 1{,}4.$$

Bei Gastemperaturen über ca. 1200 °K werden zusätzliche, innere Freiheitsgrade angeregt: zunächst eine Schwingung der gekoppelten Atome. Mit weiterer Erhöhung der Temperatur setzt eine Dissoziation der Moleküle zum einatomigen Gas ein. Bei sehr hohen Gastemperaturen spalten sich dann noch Elektronen ab, das Gas wird ionisiert und leuchtet. Durch diese zusätzlichen Freiheitsgrade sinkt der $\varkappa$ – Wert und wird eine Funktion von Temperatur und Zeit.
Die Zeitabhängigkeit erklärt sich aus der Bedingung, dass zur Anregung der inneren Freiheitsgrade ein „Frontalzusammenstoß" zweier hantelförmiger Moleküle stattfinden muss. Man spricht daher auch von „trägen Freiheitsgraden". Eine Demonstration dieser Effekte bieten die Leuchterscheinungen von Meteoriten. Wollte man diese mit hoher Geschwindigkeit von über 60 km/sec in die Erdatmosphäre eintretenden meist Sandkorngroßen Partikel orten, müsste man sie in einigem Abstand vor der Leuchtspur anvisieren. Der Trägheitseffekt wird aber noch durch das Nachglimmen der Leuchtspur anschaulich.

	Aerodynamik inkompressible Strömung	Gasdynamik = Aero - + Thermodynamik
Bernoulli-Gleichung	$p_0 = p + \rho w^2 / 2$	$p / p_0 = (1 + \frac{\varkappa-1}{2} Ma^2)^{-\varkappa/(\varkappa-1)}$
Energie-Satz	$T_0 = T + w^2 / 2 c_p$	$T / T_0 = (1 + \frac{\varkappa-1}{2} Ma^2)^{-1}$

Tabelle 1

In Hochenthalpie – Windkanälen der Raumfahrttechnik liegt die maximal simulierbare Ruhetemperatur T_0 bei etwa 5000 K. In diesem Temperaturbereich werden als innere Freiheitsgrade nur Molekül-Schwingungen angeregt. (Adiabaten Koeffizient $\varkappa \approx 1{,}29$). Durchströmt das heiße Gas die Windkanaldüse, so hinkt dieser träge Freiheitsgrad der rapiden Temperaturabsenkung hinterher. In der Messstrecke strömt dann ein kaltes Gas mit „heißen Molekülen".
In anderes Temperaturextrem in der Windkanaltechnik liegt bei den Kryowindkanälen vor, die in einem Temperaturbereich bis zu 100 K betrieben werden. Mit der Temperaturabsenkung in den Kryobereich erfolgt eine zunehmende Einfrierung des Freiheitsgrades der Rotation. Der Adiabatenkoeffizient $\varkappa$ nähert sich dem Wert des einatomigen Gases: $\varkappa \to 1.67$. Hierauf wird bei der Diskussion des Kryo-Windkanals noch näher einzugehen sein.
Die im Energiesatz beschriebene Wechselwirkung zwischen Strömungsgeschwindigkeit und Temperatur kann bei feuchter Luft auch schon bei Umgebungstemperatur mit spektakulären Erscheinungen aufwarten.

Auf der Saugseite eines Tragflügels ist die zur Auftriebserzeugung überhöhte Strömungsgeschwindigkeit mit einer Absenkung der Lufttemperatur gekoppelt. Bei Unterschreitung der Sättigungstemperatur kommt es somit dort zur Nebelbildung. Die dabei freigesetzte Kondensationswärme bewirkt einen geringen Auftriebsverlust. Die vom Flugpassagiersitz vielleicht bedrohlich empfundene Erscheinung kann der Pilot mit leicht erhöhter Landegeschwindigkeit kompensieren. Bild 3 veranschaulicht eindrucksvoll die in Bernoulli-Gleichung und Energiesatz beschriebenen Wechselwirkungen.

Bild 3. (Wasserdampfkondensation am Tragflügel)

Notiz am Rande: Die von der Spitze der Winglets abgehenden Kondensationsfäden markieren abgehende freie Wirbel, in deren Kern infolge der hohen Rotationsgeschwindigkeit die Sättigungstemperatur unterschritten wird. Diese freien Randwirbel verursachen unabhängig von Reibungseffekten den *induzierten Widerstand.* Die Winglets sollen diesen Widerstandsanteil mindern. Der Unterdrückung dieser nachteiligen freien Randwirbel steht das unerbittliche, eherne Wirbelgesetz von Helmholtz gegenüber, wonach ein Wirbel (hier der gebundene, tragende Wirbel des Tragflügels) in einem Strömungsfeld nicht enden kann.
Bild 3 demonstriert damit anschaulich die Schwierigkeit dieses Wirbel-Gesetz zu überlisten. Der im Tragflügel gebundene, tragende Wirbel setzt sich in den freien Randwirbeln –auch bei Winglets- fort.

3) Windkanal Bauelemente

In der Windkanaldüse wird das Gas durch das Druckgefälle entsprechend der Bernoulli-Gleichung auf die gewünschte Strömungsgeschwindigkeit beschleunigt.
In rein konvergenten Düsen ist am Düsenaustritt maximal nur Schallgeschwindigkeit erreichbar, die auch nicht durch Steigerung des Druckgefälles erhöht werden kann. Bei Überschall-Strömungen ist die Volumenzunahme des Gases bei sinkendem Druck stärker als die Zunahme der Strömungsgeschwindigkeit. Somit muss der Überschall-Bereich der Düse mit einer Vergrößerung der Düsenquerschnittsfläche ausgeführt werden. Dabei ist die Düsenkontur für jede Überschall-Strömungsmachzahl eigens zu berechnen und entsprechend auszuführen. Diese Machzahl-abhängige Düsenkontur führte zur Entwicklung der Verstelldüsen. In diesen wird der Strömungskanal aus planparallelen Seitenwänden und flexiblen Konturwänden gebildet (ebene Strömung). Grundlage ist die Prandtl-Meyer Eckenströmung, wonach die an einer konvexen Ecke erzeugte Überschallströmung vom Umlenkwinkel bestimmt wird. (halbunendliche Eckenströmung). In symmetrischen Düsenkonturen verteilt sich die Umlenkung auf zwei Ecken und halbiert so den Prandtl-Meyer Umlenkwinkel. Bei Verstelldüsen wird

aus mechanischen Gründen die Ecke auf einen konvexen Bereich gestreckt. Der anschließende konkave Düsenbereich muss darauf so abgestimmt werden, dass die im konvexen Bereich generierten Verdünnungswellen hier gelöscht werden. Der Umlenkwinkel im Wendepunkt der Düsenkontur ist maßgebend für die Strömungsmachzahl.

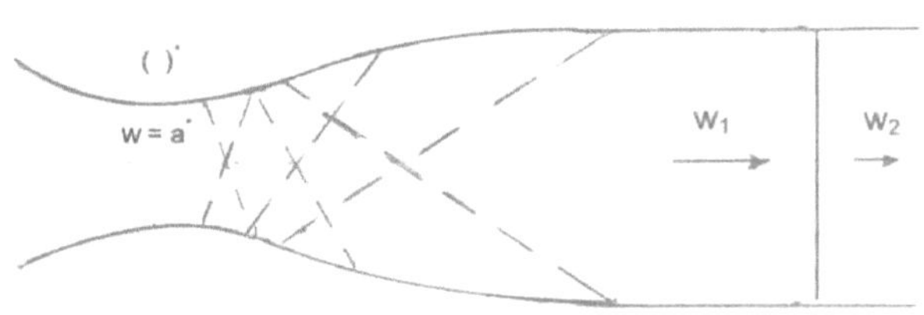

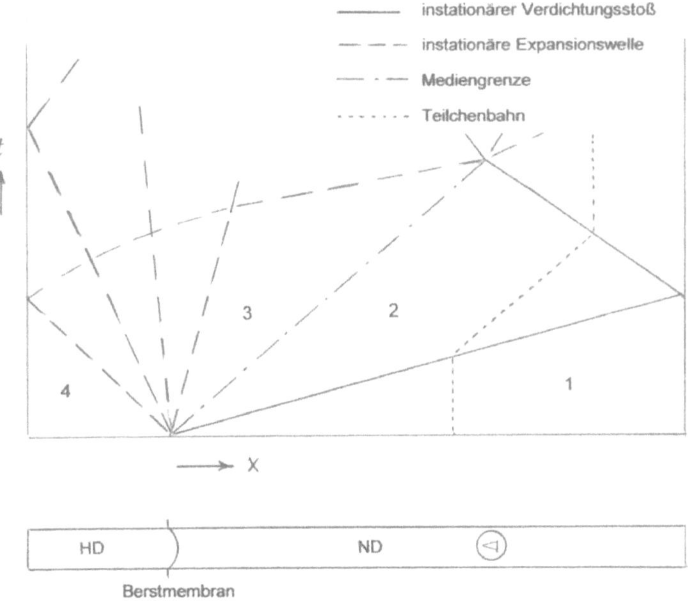

Bild 4. Methoden zur Generierung von Gas-Strömungen

Unter Annahme eines idealen und kalorisch perfekten, zweiatomigen Gases ist die maximal erreichbare Strömungsgeschwindigkeit in einer Laval-Düse nur das 2,45 fache der Strömungsgeschwindigkeit a* im Düsenhals. Diese bescheidene Geschwindigkeitssteigerung entspricht aber einer unendlich großen Machzahl, da mit

der Temperaturabsenkung gegen den absoluten Nullpunkt auch die Schallgeschwindigkeit des Gases gegen Null gehen würde.
Für reale Gase wie z.B. Luft wird bereits bei einer Geschwindigkeitszunahme auf das 2,2fache der Strömungsgeschwindigkeit im Düsenhals die Gasverflüssigungsgrenze erreicht. Wegen der temperaturbedingten Absenkung der Schallgeschwindigkeit entspricht dies einer Machzahl um Ma ≈ 5. Höhere Machzahlen erfordern eine Aufheizung des Testgases oder den Einsatz von Testgasen mit niedriger Verflüssigungsgrenze wie z.B. Helium.
Die Geometrie der Düse ist auch von großem Einfluss auf die Betriebscharakteristik einer Windkanal-Versuchsanlage. Bis zum transsonischen Geschwindigkeitsbereich wird der große Volumenstrom bei relativ kleinem Betriebsdruckverhältnis am besten durch ein– oder mehrstufige Axialverdichter abgedeckt. Bei Überschall-Düsen führt die zunehmende Einschnürung des Düsenhalses zu einer starken Reduktion des Volumenstromes bezogen auf den Kesselzustand. Dies ist die Domäne von intermittierend betriebenen Versuchsanlagen mit Druck.- und Vakuumspeicher.
Für den Leistungsbedarf eines Windkanals ist entscheidend, wie effektiv die hohe kinetische Energie am Düsenaustritt im anschließenden Diffusor in Druck umgesetzt wird. Darauf wird später noch genauer einzugehen sein.

Eine weitere Kategorie von Windkanal-Bauarten mit intermittierender Betriebsweise nutzt die sprunghafte Geschwindigkeitsänderung bei Verdichtungsstößen.
In Bild 4a ist dieses strömungsmechanische Phänomen für den stationären senkrechten Verdichtungsstoßes dargestellt. In diesem wird eine Überschallströmung (1) sprunghaft auf Unterschallgeschwindigkeit (2) überführt. Mit Bezug auf die im Düsenhals vorliegende Referenzgeschwindigkeit w = a* gilt für die Strömungsgeschwindigkeiten vor und stromab des Verdichtungsstoßes die einfache Beziehung.

$$w_1 \cdot w_2 = (a^*)^2$$

oder mit Einführung der dimensionslosen Lavalzahl La = w / a*

$$La_1 \; La_2 = 1$$

Je höher die Strömungsgeschwindigkeit vor dem Stoß, desto niedriger die Unterschall-Nachlaufströmung. Die Ruhetemperatur bleibt dabei nach dem Energiesatz konstant, $T_{01} = T_{02}$ während der Ruhedruck gedrosselt wird $p_{02} < p_{01}$. Die Bernoulli-Gleichung gilt also bei Verdichtungsstößen nicht, wohl aber der Energiesatz.
Die älteste Versuchsanlage, die diesen Effekt nutzt ist das Stoßwellenrohr. Das Arbeitsprinzip zeigt das Weg-Zeit-Diagramm in Bild 4b.

Das Stoßwellenrohr besteht aus einem Hoch- und Niederdruckrohr. Mit dem Bersten der beide Rohrabschnitte trennenden Membran läuft eine instationäre Stoßwelle in das Niederdruckrohr. Gleichzeitig entsteht eine linksläufige, sich auffächernde Expansionswelle. Zwischen diesen instationären Druckwellen entsteht eine rechtsläufige Strömung $w_2 = w_3$ bei gleichem Druck $p_2 = p_3$. An der Mediengrenze von Treibgas und Testgas liegt dagegen ein Temperatursprung $T_2 \gg T_3$ vor.
Für den mit der Stoßwelle bewegten Beobachter gelten die Gesetze des stationären Verdichtungsstoßes. Aus „Fahrtwind“ normiert mit der Schallgeschwindigkeit im Niederdruckrohr errechnet sich die Stoßmachzahl $Ma_S = w_1 / a_1$. Die aus Sicht des mit der Stoßwelle bewegten Beobachters linksläufige Nachlaufströmung nimmt der ortsfeste Beobachter als rechtsläufige Strömung wahr. Die auf diese Weise erzielbaren Strömungsgeschwindigkeiten im Nachlauf einer Stoßwelle übersteigen die in konventionellen Windkanälen erreichbaren um Größenordnungen.
Die Gasbeschleunigung in einer Düse ist nach dem Energiesatz mit einer Absenkung der Gas-Temperatur und damit auch der Schallgeschwindigkeit als Stoffgröße

gekoppelt. In konventionellen Windkanälen werden so hohe Strömungsmachzahlen schon bei relativ niedrigen Strömungsgeschwindigkeiten erreicht. Im Gegensatz hierzu heizt eine instationäre Stoßwelle das Gas in der Nachlaufströmung sehr stark auf und erhöht damit auch die Schallgeschwindigkeit des Gases. Daraus resultieren im Nachlauf der instationären Stoßwelle trotz hoher Strömungsgeschwindigkeiten relativ niedrige Strömungsmachzahlen.
Maßgebend für die Strömungsgrößen im Nachlauf ist die Stoßmachzahl, die über das Membran-Druckverhältnis p_4/p_1 und ein großes Verhältnis der Schallgeschwindigkeiten von Treibgas (z.B. Wasserstoff H_2) zu Testgas a_4/a_1 zu steigern ist. Bei voller Ausschöpfung dieser Stellgrößen sind mit Stoßwellenrohren latente Ruhetemperaturen T_{02} der Nachlaufströmung bis auf Werte von ca. 8000 K erreichbar. Da das Gas in der Stoßwelle jedoch sprunghaft auf Überschall-Machzahl (ruhender Beobachter) gebracht wird, liegt das real bei der Strömungsgenerierung durchlaufene Temperaturniveau niedriger als die latente Ruhetemperatur. In konventionellen Hochenthalpie-Windkanälen tritt die hohe Ruhetemperatur real bereits im Zulauf vor der Windkanaldüse auf. Hieraus resultiert dann auch die Problematik der Nichtgleichgewichtsströmung bei der rapiden Temperatursenkung in der Windkanaldüse.
Das Handicap des Stoßwellenrohres einer relativ niedrigen Strömungsmachzahl trotz hoher Strömungsgeschwindigkeit führte zu Modifikationen des Stoßwellenrohres:

a) An das Ende des Niederdruck-Rohres wird zur Nachbeschleunigung eine divergente Düse angeschlossen. Mit der Sprengung einer am Düseneinlauf positionierten Membran durch die Stoßwelle wird das Testgas in der Düse auf höhere Machzahlen nachbeschleunigt.

b) Beim Tandem-Stoßwellenrohr schließt sich am Ende des Niederdruck-Rohres getrennt durch eine Berstmembran ein weiteres Rohr mit niedrigerem Druckniveau an. Mit dem durch die Primärstoßwelle ausgelösten Bersten dieser nachgeordneten 2. Membran entstehen auch hier wieder instationäre Druckwellen: eine rechtsläufige Stoßwelle und eine linksläufige Expansionswelle. Da letztere sich nur mit der lokalen Schallgeschwindigkeit ausbreitet, wird sie von der Überschallströmung im Nachlauf des Primärstoßwelle nach rechts weggeschwemmt. Beim Tandem-Stoßwellenrohr nutzt man das durch diese sekundäre Expansionswelle nachbeschleunigte Gas, wobei die latente Ruhetemperatur hier nochmals erhöht wird (in Düsenströmungen bleibt die Ruhetemperatur konstant).

In der Raumfahrt stehen Fragen der Beherrschung der hohen Aufheiztemperaturen oder die Flugstabilität und grobe Abschätzung der Abstiegsbahnen beim Wiedereintritt in die Atmosphäre im Vordergrund des Interesses, so dass man sich mit der geschilderten Simulationsproblematik arrangieren kann. In der Luftfahrttechnik kommt es dagegen auf hohe Wirtschaftlichkeit des Reiseflugs mit aerodynamisch ausgefeiltem Fluggerät an. Hierzu leisten Windkanalversuche einen wichtigen Beitrag.

4) Problemfall Reynoldszahl.

Neben der Machzahl spielt in der Flugzeugaerodynamik auch die Simulation gleicher Reynoldszahlen eine bedeutende Rolle für die Übertragbarkeit der Mess-Ergebnisse im Windkanal auf das Original. In dieser Hinsicht entstand in der Vergangenheit durch immer größere und schnellere Flugzeuge eine große Diskrepanz mit der Folge von Risiken bei der Entwicklung von Großflugzeugen..
Die Reynoldszahl ist definiert als Verhältnis der Trägheitskräfte zu den Zähigkeitskräften in Strömungen.

$$Re = \frac{\rho\, w\, l}{\eta} = \frac{w\, l}{\nu}$$

mit ρ Dichte, η dyn. Zähigkeit und $\nu = \eta/\rho$ kinematische Zähigkeit des Testgases. In der Flugzeug-Aerodynamik wird als charakteristisches Längenmaß l die mittlere Profiltiefe l des Tragflügels gewählt. Bei den üblichen Versuchsmodell-Größen in Relation zur Windkanal-Messstrecke steht diese Referenzlänge l mit der Querschnittsfläche der Messstrecke A_{WK} in folgender Beziehung:

$$l \sim 0{,}1\ \sqrt{A_{WK}}$$

Nach dieser Konvention wird dann auch die charakteristische Länge l für die Windkanal-Reynoldszahl definiert.

Die Reynoldszahl als Ähnlichkeitsparameter erfasst die Reibungseinflüsse. Diese konzentrieren sich auf die Grenzschicht, in der die Strömungsgeschwindigkeit vom Wert 0 (Haftbedingung an der Wand) bis zum Grenzschichtrand anwächst. Die Reibungsschicht ist zunächst laminar und schlägt nach einer gewissen Lauflänge in den turbulenten Zustand um. Die Auswirkungen dieses Umschlags sind sehr komplex und gravierend. wie das Beispiel des Widerstandsbeiwertes $c_W = W/\,q\ F$ einer Kugel zeigt Der dimensionslose Widerstandsbeiwert errechnet sich aus dem Verhältnis der realen Widerstandskraft W zu der Referenzkraft aus dem Produkt aus Staudruck der Anströmung $q=\frac{\rho}{2}\,w^2$ und der Stirnfläche F der Kugel.

Im Reynoldszahl-Bereich von ca. $10^3 < \frac{w\,d}{\nu} < 10^5$ beträgt der Widerstandsbeiwert der Kugel $c_W \sim 0{,}3$. Bei höheren Reynolsdszahlen vermindert sich dieser Wert auf ein Niveau um $c_W \sim 0{,}1$. Die Ursache hierfür ist der Grenzschichtumschlag von laminar zu turbulent. Durch die bei Turbulenz auftretenden Querkomponenten der Strömung wird der Grenzschicht Energie aus der Außenströmung zugeführt. Dadurch wird die Leeseite bis zur Strömungsablösung besser umströmt. Der höhere Druck an der Ablösestelle in Verbindung mit dem kleineren Totwasserquerschnitt im Vergleich zu laminarer Ablösung führt zur Absenkung des Widerstandsbeiwertes. Der Vorteil des geringeren Reibungswiderstandes bei laminarer Grenzschicht im Vergleich zu turbulenter Grenzschicht kommt hier allein aus der Körpergeometrie nicht zum Tragen. Der Widerstandsbeiwert eines Golfballes läge bei glatter Oberfläche wegen der laminaren Strömungsablösung bei $c_W \sim 0{,}3$. Die mit Grübchen überzogene Ball-Oberfläche bewirkt einen erzwungenen Grenzschicht-Umschlag in Turbulenz mit der oben beschriebenen Reduktion des Widerstandsbeiwertes.

Bei der Auslegung von Tragflügelprofilen hingegen strebt man wegen der geringeren Wandreibungskräfte eine möglichst lange laminare Laufstrecke bis zum unvermeidlichen Umschlag in Turbulenz an. Zur Nutzung dieses Effektes wurden für moderne Flugzeuge die Laminarprofile entwickelt. Da eine beschleunigte Strömung stabilisierend auf die Laminarhaltung wirkt, weisen Laminarprofile eine große Dickenrücklage der Profilgeometrie auf.
Im Windkanalversuch ist der Erfolg dieses Konzepts nur bei Simulation der Original-Reynoldszahl überprüfbar. Zur Umgehung dieses Simulations-Defizits einer zu niedrigen Re-Zahl im Windkanalversuch war es gängige Praxis, am Tragflügel des Testmodells Turbulenzstreifen aufzubringen, um den Grenzschichtumschlag gezielt herbeizuführen. Dabei ist zunächst abzuschätzen, wo beim Original der Umschlagspunkt etwa liegen wird. Das nächste Problem ist die Platzierung und die Rauhigkeitshöhe eines Turbulenzstreifens so festzulegen, dass der Umschlag am abgeschätzten Umschlagspunkt eintritt. Diese vage Praxis machte die Windkanal-Messergebnisse sehr fragwürdig. So zeigte ein Vergleich der Druckverteilungsmessung an einem Flügelschnitt des Großflugzeugs C141 Galaxy mit der entsprechenden aus dem Windkanalversuch dann auch eine große Diskrepanz.

Daraus erwuchs die Forderung nach der Entwicklung von Windkanälen zur Simulation der Original Re-Zahl von Großflugzeugen.
Da ein solches Großwindkanal-Projekt nicht mehr in nationalem Rahmen realisierbar war, erfolgte für das Projekt LEHRT (Large European High Reynoldsnumber Tunnel) ein Ausschreibungs-Wettbewerb mit folgenden Vorgaben:

Re-Zahl	$Re = 40\ 10^6$
Ma-Zahl	$0{,}3 < Ma < 1{,}3$
Mess-Querschnitt	$A = 21\ m^2$
Ruhedruck	$p_0 = 6$ bar

Diese Anforderungen waren nicht mehr mit einem Windkanal konventioneller Bauweise zu realisieren. So wurde die Messzeit der intermittierend zu betreibenden Windkanalkonzeptionen auf 10 Sekunden festgelegt. Damit konnte in einem Messlauf ein Anstellwinkelbereich durchfahren werden oder einen Druckverteilungsscan durchgeführt werden.
Die in Hinblick des Energie-Aufwandes wirtschaftlichste Methode zur Re-Zahl Steigerung ist die über eine Anhebung des Ruhedruckes, wobei die Re-Zahl als auch der Energie- bzw. Leistungsbedarf linear mit dem Betriebsdruck ansteigen. Eine obere Grenze dieser Maßnahme ist durch die mechanische Modellbelastung durch die ansteigenden Luftkräfte gesetzt. Aus dieser Überlegung resultierte der obengenannte Grenzwert für den Ruhedruck von $p_0 = 6$ bar.

5) LEHRT Windkanalkonzepte mit intermittierender Betriebsweise

Das von Deutschland vorgeschlagene Konzept des *Rohrwindkanales* war bereits 1955 von H.Ludwieg (AVA-Göttingen) publiziert worden und trägt heute allgemein das Synonym ***Ludwieg Tube*** *(LT).* Das Bild 5 zeigt das Anlagenkonzept zur Erfüllung des oben genannten Anforderungskataloges.

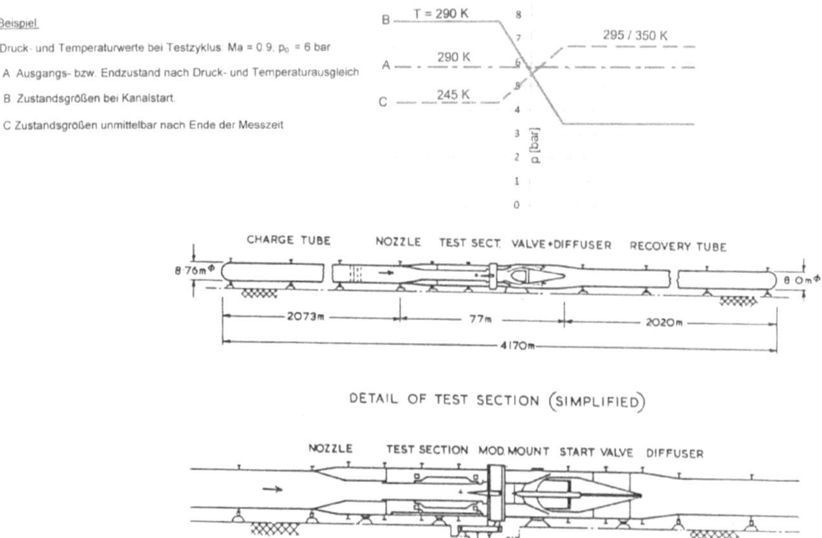

Bild 5. Ludwig Tube. LEHRT - Projekt

Es besteht aus zwei je rund 2 km langen Speicherrohren, die durch ein stromab der Messstrecke angeordnetes Schnellöffnungsventil getrennt sind. Die im Vergleich zum Stoßwellenrohr lange Messzeit im Sekundenbereich erlaubt hier anstelle einer Berstmembran die Verwendung eines mechanischen Absperrorgans.
Beim schlagartigen Öffnen dieses Verschlusses läuft eine instationäre Stoßwelle in das Recovery-tube. Gleichzeitig entsteht eine linksläufige instationäre Expansionswelle. Diese wird in einen stationären Anteil in der Windkanal-Düse und eine abgeschwächte, in das Charge-tube laufende Expansionswelle aufgespalten. Für die in Bild 5 ersichtliche Dimensionierung liegt die Machzahl der von der Instationären Expansionswelle generierten Rohrströmung zur Mess Strecke im Bereich Ma < 0.21. Bei dieser niedrigen Machzahl bleibt die Auffächerung der sich mit lokaler Schallgeschwindigkeit ausbreitenden Expansionswelle gering. Ohne die Strömungsqualität beeinträchtigende Regelarmaturen wird so bei konstantem Ruhedruck und konstanter Gastemperatur eine Zuströmung zur Windkanal-Messstrecke von hoher Qualität erreicht. Nach einer Laufzeit von 10 Sekunden beendet die Ankunft der am Charge-tube-Ende reflektierten Expansionswelle die Messzeit. Zeitgleich trifft dann auch die am Ende des Recovery-tube reflektierte instationäre Stoßwelle ein.
Das Betriebs-Druckverhältnis für transsonische Windkanäle liegt bei gängigen Diffusor-Wirkungsgraden bei maximal 1.25, d.h. bei $p_0 > 1.25$ bar liegenden Ruhedrücken im Charge-tube würde das Druckgefälle zur Atmosphäre für den Versuchsbetrieb genügen. Insofern wäre dann das Recovery- tube grundsätzlich verzichtbar. Dies würde jedoch den Energieaufwand für den Versuchsbetrieb deutlich erhöhen. Der Nutzen des Recovery-tube wird an dem in Bild 5 dargestellten Betriebszyklus für eine Versuchs-Machzahl Ma = 0,9 bei einem Ruhedruck von $p_0 = 6$ bar ersichtlich.
Zum Kanalstart beträgt der Aufladedruck im Charge-tube 7,8 bar und im Recovery-tube 3,4 bar. Der Ruhedruck in der Rohrströmung stromab in der instationären Expansionswelle liegt für dieses Beispiel bei 6,0 bar. Mit Ankunft der reflektierten instationären Expansionswelle an der Messstrecke ist das Druckniveau im Charge tube auf einen Wert von 4,3 bar gefallen, liegt also deutlich unter dem Ruhedruckniveau der Messung. Dies bedeutet eine außerordentlich gute volumetrische Nutzung des röhrenförmigen Druckspeichers (bei konventionellen Druckspeicher-Windkanälen liegt der Entleerungs-Grenzwert beim Ruhedruck des Testlaufs). Gleichzeitig ist das Druckniveau im Recocery-tube unmittelbar bei Test-Ende mit 6,7 bar deutlich über dem Druckniveau des Charge tube, so dass ein Gas Rückfluss stattfindet. Nach Druck- und Temperaturausgleich beträgt der Druck in beiden Rohrabschnitten 5,8 bar. Dieses hohe Ausgangs-Druckniveau reduziert dann auch die Pumparbeit für die Startbedingungen eines neuen Testzyklus‘.

6) Schwere Gase als Testfluid.

Neben den auf Bauweisen basierenden Lösungsansätzen zur Realisierung hoher Re-Zahlen wurden schon früh Alternativen über die Wahl des Testgases untersucht. So wurden Windkanäle geschlossener Bauart in den NASA- Zentren Langley und Ames mit dem Treibgas Fluorkohlenwasserstoff Freon 12 (CCl_2F_2) als Testgas betrieben. Bei etwa gleicher Antriebsleistung erhöht sich die Reynoldszahl dadurch um etwa den Faktor 3. Der Adiabatenkoeffizient $\varkappa$ liegt bei diesem hochmolekularen Gas mit $\varkappa$ = 1,15 deutlich unter dem Wert von Luft ($\varkappa$ = 1,4) und scheidet so als Testgas für Windkanäle aus.
Trotz dieser Einschränkung fand dieses Gas jedoch Verwendung in einem NACA-Programm zur Studie von Überschall-Axialverdichtern. Wegen der niedrigen Schallgeschwindigkeit dieses Gases (152 m/s) konnten so bei relativ niedrigen Verdichterdrehzahlen und Fliehkraftbeanspruchung der Schaufeln hohe Anströmmachzahlen am rotierenden Schaufelgitter erzielt werden. In diesem Programm sollten aber nur die qualitativen Vorzüge und Nachteile der verschiedenen Entwurfskonzeptionen aufgezeigt werden. Wegen der Schädlichkeit dieser Treibgase auf die Ozonschicht ist deren Herstellung inzwischen verboten.

7) Kryo- Windkanäle

Ein anderer Ansatz zur Nutzung der Vorteile schwerer Gase in der Windkanal-Versuchstechnik besteht in der Erhöhung der Gasschwere durch Abkühlung auf Kryo-Temperaturen. Damit sind auch zweiatomige Gase mit dem $\varkappa$–Wert von Luft einsetzbar. Mit Annäherung der Gastemperatur an die Verflüssigungsgrenze werden bei zweiatomigen Gasen jedoch die Freiheitsgrade der Rotation zunehmend eingefroren. Der $\varkappa$ – Wert nähert sich dann dem Wert des einatomigen Gases. So beträgt für Stickstoff bei einer Temperatur von 120 K und einem Druck von 6 bar der Wert von $\varkappa = 1.51$.
Zur Lösung der Reynoldszahl-Problematik setzte man in den USA von Anfang an auf die Kryotechnik, die im Bau der National Transonic Facility NTF realisiert wurde. Im Vergleich zu einem bei 320 K betriebenen Windkanal gleicher Größe und Betriebsdruck reduziert sich die Antriebsleistung bei 120 K Gastemperatur auf 63 % bei Erhöhung der Reynoldszahl um den Faktor 4. Die technischen Daten des im Jahre 1982 in USA in Betrieb genommenen Kryo-Windkanales NTF sind wie folgt:

Messquerschnitt	2,5m x 2,5m
Druck p_0	8,8 bar
Betriebstemperatur	117 – 340 K
Machzahlbereich	0,2 – 1,2
Reynoldszahl	$120\ 10^6$
Antriebsleistung	88 MW
Testgas	N_2

So gab man dann auch in Europa die Konzeption der intermittierenden Speicherwindkanäle nach der LEHRT Vorgabe auf und setzte im European Transonic Windtunnel ETW ebenfalls auf die Kryotechnik. Der inzwischen in Köln betriebene Windkanal dieses Typs hat folgende Betriebsdaten:

Messquerschnitt	2,4m x 2,0 m
Druck	1,25 – 4,5 bar
Betriebstemperatur	90 – 313 K
Machzahlbereich	0,15 – 1,3
Reynoldszahl	50 10^6
Antriebsleistung	50 MW
Testgas	N_2

Zum Betrieb eines geschlossenen Windkanales bei konstanter Gastemperatur muss die Wellenleistung als Wärmeeintrag permanent abgeführt werden. Der Wärmefluss über die Kanaloberfläche (Isolationsverluste) ist dagegen vernachlässigbar.
In konventionellen Windkanälen wird die Prozesswärme über die Oberfläche eines Wärmeaustauschers mittels Kühlwasser abgeführt. Auf dem niedrigen Temperaturniveau von Kryo-Windkanälen ist diese Kühlmethode nicht mehr möglich. Stattdessen wird hier zur Kühlung Flüssigstickstoff eingespritzt. Dieser entzieht dem Kreislauf die Verdampfungswärme, um dann als Gas in die Atmosphäre ausgeblasen zu werden. (Spülkühlung). Für amerikanischen Kryowindkanal NTF beläuft sich die N_2 - Einspritzmenge auf maximal 500 kg N_2 / sec.

Der Wirkungsgrad dieser Kühlmethode lässt sich als Verhältnis der Verdampfungswärme / kg N_2 zum Energieaufwand zur Stickstoffverflüssigung definieren (Stand der Technik: 0,7 kWh / kg N_2). Auf dieser Basis ist in Bild 7 der Wirkungsgrad dieser Kühlmethode in Abhängigkeit von der Betriebstemperatur für verschiedene Drücke dargestellt.

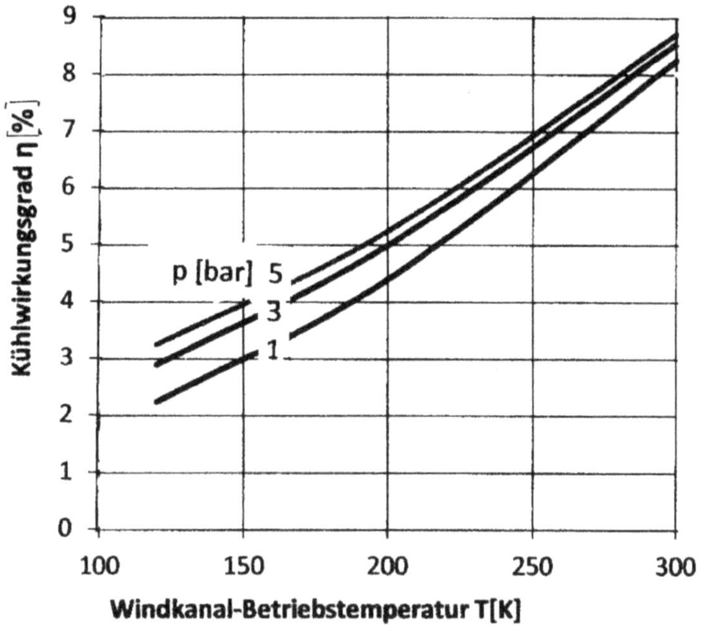

Bild 6. Kühlwirkungsgrad bei Stickstoff-Verdampfungskühlung

Wie das Diagramm zeigt, liegt der Kühlwirkungsgrad im einstelligen Bereich, d.h. der Energieaufwand bei der Spülkühlung übersteigt die Wellenleistung um ein Vielfaches. Das Kühlpotential wird durch Speicherung des Flüssigstickstoffes vor Versuchsbeginn bereitgestellt, wobei zum Teil auch billiger Nachtstrom genutzt werden kann. Dies beeinflusst aber die Gesamtbilanz nur unerheblich, zumal auch Kühlverluste im Speichertank zu Buche schlagen. In Bild 8 ist der Energiefluss in einem Kryo.Windkanal in einem Sankey Diagramm dargestellt bei Vernachlässigung des Wärme-Eintrags über die Kanaloberfläche.

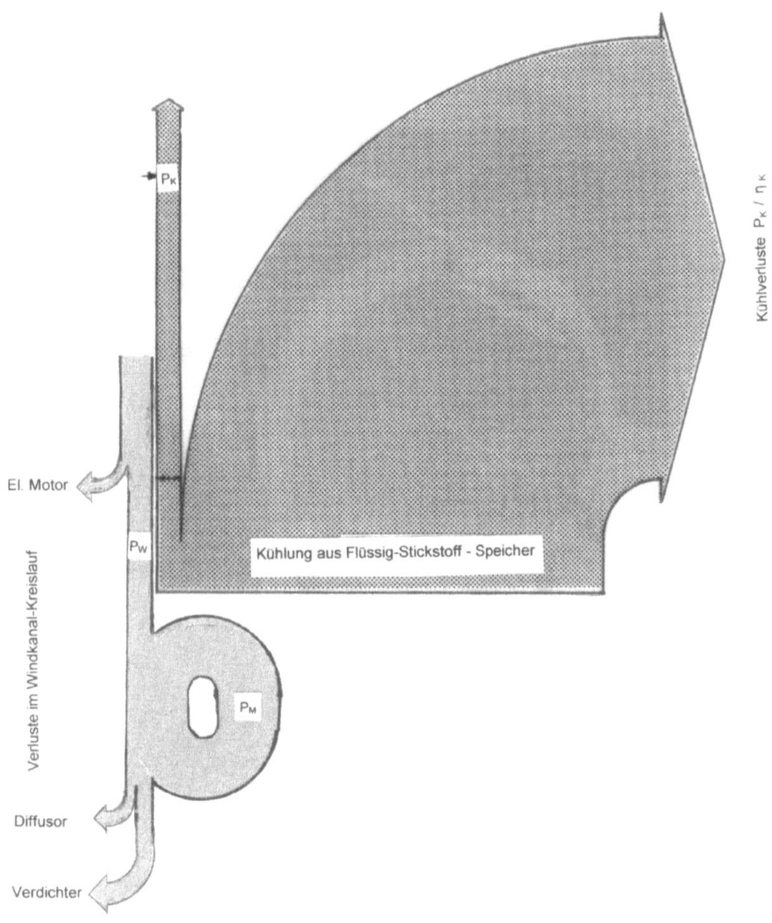

Bild 7. Sankey-Diagramm eines Kryo-Windkanals

8) System-Vergleich Ludwieg-tube – ETW.

Obwohl in Europa die Entscheidung für die Kryo-Technik gefallen ist, sei hier eine kritische Nachlese erlaubt. Die Messzeit des LT war mit 10 sec so bemessen, um einen Anstellwinkel-.Bereich mit dem Versuchsmodell zu durchfahren oder einen Druckverteilungs-Scan durchzuführen. Als Vergleichsbasis beider Windkanal Konzeptionen wird der Energieaufwand für diese mit 10 Sekunden angesetzte Messzeit bei einer Machzahl von Ma = 0,9 und maximaler Reynoldszahl zugrunde gelegt.
Für das Ludwieg Tube errechnet sich die Pumparbeit für einen Mess-Zyklus aus dem in Bild 5 dargestellten Ausgangsdruckniveau A auf das Niveau B bei Kanalstart. Bei isothermer Verdichtung beträgt die Pumparbeit hierfür 7,8 MWh. Wegen der beim ETW auf 50 10^6 erhöhten Reynoldzahl bedarf es jedoch einer Anpassung über einen mit 1,5 angesetzten Anpassungsfaktor. Nimmt man weiter einen isothermen Verdichterwirkungsgrad mit $\eta_{isotherm}$ = 0,7 an, errechnet sich für das LT eine reale Pumparbeit von 1,5 x 7,8 / 0,7 = 16,7 MWh.

Der vergleichbare Energieaufwand im Kryo-ETW bezogen auf eine Messzeit von t_M = 10 sec ist in der letzen Spalte der Tabelle dargestellt (Antriebsleistung N_{WK} ; „Kühlleistung" $N_K \approx N_{WK} / \eta_K$ mit $\eta_K = 0{,}031$ nach Bild 7)

	p_0 [bar]	T_0 [K]	Ma	N_{WK} [MW]	N_K [MW]	[MWh]
ETW	4,5	120	0,9	50	$50/\eta_K = 1610$	4,62
LT	6	267	0,9	-	-	16,7

Auf den ersten Blick erscheint hier der ETW mit einem Energieaufwand / 10 sec von 4,62 MWh gegenüber den 16,7 MWh des LT überlegen. Dieser auf die reine Messzeit von 10 sec bezogene Energieaufwand ergibt jedoch ein schiefes Bild. So fällt beim kontinuierlich betriebenen Windkanal beim Hochfahren wie auch bei der Variation der Versuchsparameter Machzahl, Ruhedruck und Betriebstemperatur ein hoher Energieverbrauch insbesondere für die Kühlung an. Da diese Prozesse bis zu Gleichgewichtszuständen sich im Minutenbereich abspielen, verschiebt eine Umlegung dieses Energieaufwandes auf die reine Messzeit die Gesamtbilanz zu Gunsten der intermittierend betriebenen Ludwieg-tube.

9) Ansätze zu wirtschaftlichen Versuchstechniken.

Die unbefriedigende Situation des gegenwärtigen Standes der Windkanal-Versuchstechnik wird deutlich, wenn man den gewaltigen Leistungsaufwand betrachtet, um ein Flugzeugmodell von knapp 2 m Spannweite im Windkanal in den „Flugzustand" zu versetzen. Bei simultaner Leistungs-Bereitstellung für Windkanalantrieb und Kühlung wären am Beispiel des ETW dazu zwei Kraftwerke erforderlich.
Diesen Trend des gigantisch ansteigenden Leistungsbedarfs von Windkanälen thematisierte Prof. A. Betz (AVA, [1] Göttingen) bereits in einem 1937 bei der Hauptversammlung der Lilienthal-Gesellschaft gehaltenen Vortrag *Aufgaben und Verfahren der aerodynamischen Forschung* wie folgt:

Die Einrichtungen der aerodynamischen Forschungsstätten haben im Laufe der Zeit einen Umfang angenommen, der bei den Außenstehenden zum mindesten Verwunderung erregt, aber auch die Fachleute mit einer gewissen Besorgnis erfüllt, da man sich fragen muss, ob diese Entwicklung so weitergehen muss und so

[1] Als Nachfolger von Prof Prandtl war Prof. Betz von 1937 – 1957 Direktor der AVA.

weitergehen kann. Ich zeige Ihnen auf Bild 1 (hier Bild 8 mit ergänzter Zeitskala) *die Antriebsleistungen verschiedener Windkanäle, abhängig vom Baujahr, und zwar in logarithmischem Maßstab, so dass also die Strecke zwischen zwei waagerechten Strichen immer eine Verzehnfachung bedeutet. Der alte Göttinger Windkanal von 1908 hatte etwa 35 PS (26 kW), der Letzte vom Jahre 1936 hat etwa 2500 PS (1,84 MW). Die anderen Windkanäle ordnen sich dieser Steigerung einigermaßen ein. Wenn wir die Kurve dieser Steigerung fortsetzen und uns überlegen, was danach in 10 oder 20 Jahren zu erwarten wäre, so müssen uns Bedenken kommen, ob wir diesen Weg so weitergehen können*
(Auszug aus: „Gesammelte Vorträge der Hauptversammlung 1937 der Lilienthal-Gesellschaft für Luftfahrtforschung".

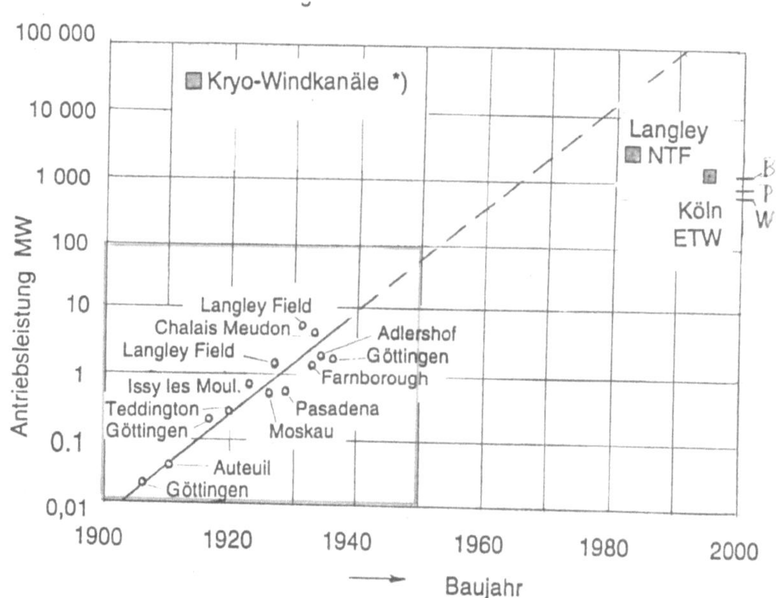

Bild 8. Anwachsen der Antriebsleistung der großen Windkanäle
*) aequivalente Antriebsleistung unter Annahme simultaner Erzeugung des Flüssigstickstoffs zur Kühlung.
Kraftwerksleistungen: B = Biblis, P = Philippsburg, W = Würgassen

So stellt sich heute umso dringender die Frage nach Ursache und Auswegen aus dieser Situation.
Die Hauptursache des gigantischen Leistungsbedarfs liegt in der kinematischen Umkehr der Bewegungsverhältnisse: Modell in Ruhe, Luft bewegt. In früheren Zeiten war dies aus Gründen der Messtechnik unumgänglich. Beim heutigen Stand der Messtechnik besteht dieser Zwang nicht mehr. In diesem Zusammenhang ist es aufschlussreich, einmal die „Schleppleistung" N_M eines Standard-Versuchsmodells zur „Strahl-Leistung" N_D der Düsenströmung ins Verhältnis zu setzen.

$$\frac{N_M}{N_D} = \frac{c_W\,\varrho\, w^3\, A_M/2}{\varrho\, w^3 A_D/2} = \lambda$$

$$= c_W \, A_M / A_D$$

In der Flugzeugaerodynamik werden alle Kraft- und Momentenbeiwerte auf die Tragflügel-Grundrissfläche bezogen, auch der Widerstandsbeiwert. Als Richtwert für die Versuchsmodell-Größe relativ zur Querschnittsfläche der Düse gilt $A_M / A_D = 0{,}05$. Mit einem Widerstandsbeiwert $c_W = 0{,}03$ ergibt sich daraus ein „Leistungs-Verhältnis" von

$$\lambda = 1{,}5 \; 10^{-3}$$

Ein streng physikalischer Leistungsvergleich bedarf noch einiger Korrekturen an diesem Basiswert λ. So ist in einem Windkanal mit Rückführung die Antriebsleistung um die Güteziffer ξ kleiner als die rechnerische „Strahlleistung" N_D

$$N_{WK} = \xi \, N_D$$

In Hochgeschwindigkeits-Windkanälen sind die Druckverluste im Kanalkreislauf relativ klein im Vergleich zu den übrigen Verlustquellen. Die Güteziffer ξ lässt sich hier mit guter Näherung über die dominanten Verlustquellen <u>Diff</u>usor, <u>G</u>ebläse und <u>E</u>lektroantrieb wie folgt darstellen:

$$\xi \approx \frac{1-\eta_{diff}}{\eta_G \; \eta_{el}}$$

Diese Wirkungsgrade variieren mit den Versuchstest-Bedingungen. Insbesondere der Gebläse- Wirkungsgrad variiert sehr stark bei der Abdeckung des. weiten Windkanal-Betriebskennfeldes *Druckverhältnis- Volumenstrom*. Bei Kryo-Windkanälen kommt erschwerend hinzu, dass sich die Variationsbreite des Volumenstromes noch im Verhältnis der temperaturabhängigen Schallgeschwindigkeiten vergrößert. Dadurch liegt der Betriebspunkt des Verdichters oft weit abseits vom Auslegungspunkt mit entsprechender Wirkungsgrad-Einbuße. Mit einer eher optimistischen Annahme obiger Wirkungsgrade von je $\eta = 0{,}8$ errechnet sich eine Güteziffer $\xi = 0.31$.
Beim geschleppten Modell ist neben dem Eigenwiderstand auch jener des Modellschlittens einzubeziehen. Nimmt man diesen mit dem 15 fachen des Versuchsmodells an, so erhält man ein realistisches Verhältnis von Schleppleistung /Windkanal-Antriebsleistung von:

$$\lambda_{real} \sim (16 / 0{,}31) \, \lambda = 0{,}077$$

Aus dieser Erkenntnis heraus wurde schon im Jahre 1939 bei der AVA in Göttingen eine Schleppanlage geplant. Mit einem Raketenschlitten sollte auf einer ca. 20 km langen Teststrecke Geschwindigkeiten von 500 m/sec (Ma = 1,5) erreicht werden. Für diesen Geschwindigkeitsbereich sind radgestützte Mess-Schlitten wegen der hohen Fliehkraftbeanspruchung der Stützräder nicht mehr realisierbar. So wurde eine Magnetschwebetechnik entwickelt und im Jahre 1942 von H. Kemper - AVA unter A 96 845/6 VIII D/20 K zum Patent angemeldet. In der Magnetschwebebahn Transrapid fand dann diese Technik erstmals eine praktische Anwendung.
Vom damaligen Stand der Messtechnik her gesehen, war dieser Raketengetriebene Messschlitten ein kühnes Vorhaben, das jedoch nicht realisiert wurde.

Einen großen Fortschritt für die Windkanal-Versuchstechnik brachte die Erfindung des Dehnungsmessstreifens DMS im Jahre 1938 in den USA von zwei unabhängigen Erfindern A. C. Ruge und E. E. Simmons. Nach Anzweiflung der notwendigen „Erfindungshöhe" durch die Patentbehörde wurde der DMS dann schließlich im Jahre 1942 in USA patentiert. Das auf der Änderung des Ohmschen Widerstandes mit der

Dehnung oder Stauchung beruhende Messprinzip war auch schon zuvor erkannt und genutzt worden, fand aber erst mit der Anwender-freundlichen DMS-Technik eine weite Verbreitung, in Deutschland ab Mitte der 1950er Jahre durch den Lizenznehmer Hottinger-Baldwin. Die externen Windkanalwaagen mit Laufgewichten wurden nun durch im Versuchsmodell untergebrachte DMS-Stilwaagen ersetzt. Damit entfallen auch messtechnischen Vorbehalte gegenüber der Modell-Schlepptechnik. Darüber hinaus stehen heute mit dem elektromagnetischen Beschleuniger *rail gun* oder der hoch entwickelten *Linear-Motor-Technik* unter Nutzung der Supraleitung hilfreiche Techniken für die Modell-Schlepptechnik zur Verfügung.

Mit der Modell-Schlepptechnik unter atmosphärischen Bedingungen lassen sich jedoch mit praktikablen Modellgrößen keine hohen Reynoldszahlen realisieren. Ein unter Überdruck betriebener Schleppkanal wirft jedoch die Frage nach dem Materialaufwand als rohes Maß für die Investitionskosten auf. Das Ludwieg Tube bietet sich hier wegen seines guten volumetrischen Wirkungsgrades als Referenz-Anlage an.

Bild 9. Mess-Schlitten im Schleppkanal

Der folgende Systemvergleich basiert auf dem Sachverhalt, dass für Rohrkessel mit einem sehr großen Verhältnis Länge zu Durchmesser l/d bei gleicher Speicherkapazität (Volumen x (Über)Druck) und gleicher Materialbeanspruchung der Materialaufwand unabhängig vom Verhältnis l/d ist. Transformiert man die Speicherrohr-Querschnittsflächen des LT auf die Messstrecken -Querschnittsfläche von 21 m^2, so errechnet sich daraus eine massegleiche Schleppkanal-Länge von 10,8 km.

Hinzu kommt, dass das Druckniveau in einem Schleppkanal niedriger gehalten werden kann. Der über dem Aufladedruck des Schleppkanals liegende höhere Ruhedruck am Versuchsobjekt resultiert aus der Modellbewegung.
In der Tabelle sind zum Vergleich die Aufladedrücke zusammengestellt für die Realisierung eines Ruhedruckes von p_0 = 6 bar am Testobjekt für eine Start- und Landemachzahl (Ma = 0,3) sowie eine Reiseflugmachzahl (Ma = 0,9). im Ludwieg charge-tube und im Schleppkanal.

	LT charge tube [bar] Kanalstart	Schleppkanal [bar]
Ma = 0,3	6,8	5,6
Ma = 0,9	7,8	3,5

Das niedrigere Druckniveau im Schleppkanal ermöglicht damit über kleinere Kesselwandstärken eine Verlängerung des Schleppkanales über die oben errechnete Länge von 10,8 km hinaus bei gleichem Materialaufwand.
Die Schleppzeit durch einen Schleppkanal dieser Längen übersteigt die Messzeit des massegleichen LT Windkanals (10 sec) um ein Vielfaches. Bei auf 10 sec. reduzierter Schleppdauer kann der in der Überlänge steckende Materialaufwand in eine Vergrößerung des Kanalquerschnittes umgesetzt werden zur Reduktion der Wandinterferenzen. Auf die Schleppleistung hat dies nur einen geringfügigen Einfluss.
Obiger Vergleich des Materialaufwandes Ludwieg Tube - Schleppkanal beruht auf der Annahme von Stahlkonstruktionen der Versuchsanlagen. Die Querschnittsfläche eines Schleppkanales liegt im Arbeits-Bereich von Tunnel-Bohrmaschinen. Die Tunnelbauweise bietet den Vorteil eines geringeren Wartungsaufwandes und vermeidet Konvektionsströmungen infolge Aufheizung durch Sonneneinstrahlung.

10) Methoden zur Reduzierung der Schleppgeschwindigkeit

Eine Reduzierung der Schleppgeschwindigkeit verkürzt die Schleppkanal-Länge und ermöglicht auch den Einsatz unkomplizierter, radgestützter Mess-Schlitten bis zu transsonischen Schlepp-Geschwindigkeiten. Zur Realisierung dieses Zieles gibt es die folgenden technischen Lösungsansätze, die auch untereinander kombinierbar sind:

- Modellschleppen bei transsonischen Geschwindigkeiten (Ma > 0,8) in einem Gegenströmungs-Korridor. (Hybrid-Windkanal)
- Absenkung der Schallgeschwindigkeit durch Kryo- Betriebstemperatur.
- Einsatz schwerer Gase (mit erniedrigter Schallgeschwindigkeit) als Testgas..

10.1) Hybrid-Windkanal

Der Hybrid-Windkanal werden Anströmmachzahlen bis um Ma ≤ 0.8 allein aus Fahrtwind erzielt. Zur Generierung höherer Anströmmachzahlen wird dieser maximalen Fahrtwind-Komponente eine Gegenströmung des Testgases überlagert. Die Anordnung zeigt Bild 10.

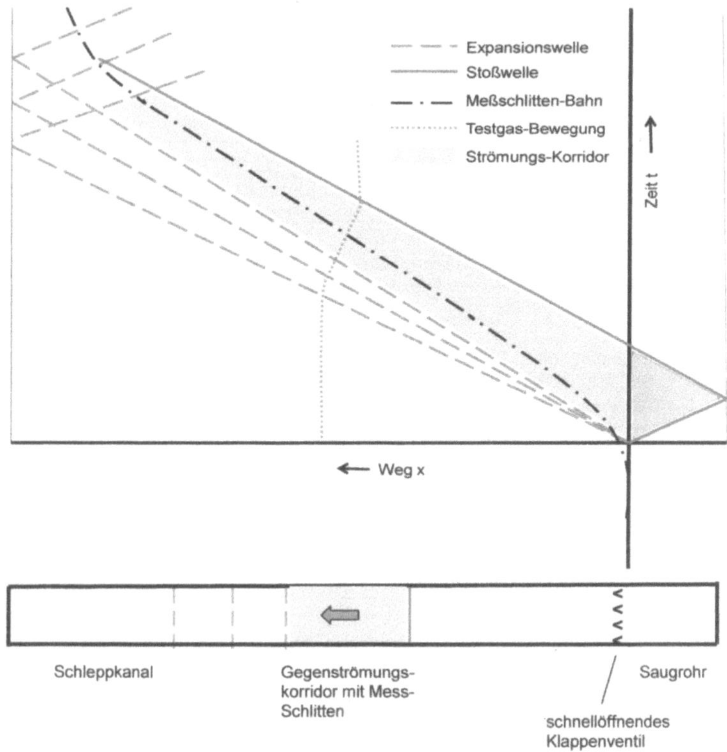

Bild 10. Weg-Zeit-Diagramm des Hybrid-Windkanals

An den Schleppkanal grenzt am rechten Ende ein Niederdruck- Saugrohr. Beide Kanalabschnitte sind durch ein schnell zu öffnendes Klappenventil getrennt. Mit dem schlagartigen Öffnen dieses Absperrorgans entsteht eine linksläufige, instationäre Expansionswelle. Quasi als immaterielle Düse generiert diese Verdünnungswelle eine rechtsläufige Gasströmung, deren Strömungsgeschwindigkeit über das Druckverhältnis am Klappenventil eingestellt wird.
Gleichzeitig entsteht eine in das Saugrohr laufende Verdichtungswelle. Diese wird am Saugrohrende reflektiert und begrenzt stromab den Strömungs-.Korridor in dem das Versuchsobjekt geschleppt wird. Diese linksläufige Stoßwelle[2] wirkt dabei wie ein immaterieller Diffusor, wobei der Wirkungsgrad (Verhältnis der Ruhedrücke stromab und vor der Welle) mit über 95 % außerordentlich hoch ist.
Gründe für den geringen Energieaufwand zur Generierung der an sich schon energiearmen Unterschall Gegenströmung sind folgende:

Das Druckniveau im Schleppkanal liegt deutlich unter dem aus der Schleppgeschwindigkeit resultierenden höheren Ruhedruck am Versuchsobjekt.

[2] Die schwache Teilreflexion der linksläufigen Stoßwelle an der Mediengrenze ist im Bild vernachlässigt.

Die Gegenströmung am Versuchsobjekt hält zeitlich noch an, wenn der Gas-Abfluss ins Saugrohr bereits beendet ist. Das Volumen des Saugrohres V_S kann so im Vergleich zum Schleppkanalvolumen V_{SK} sehr klein gehalten werden $V_S < V_{SK}$. Daraus resultiert eine geringe Pumparbeit zur Einstellung des Kanalstart-Druckverhältnisses.

10.2) Kryo-Schleppkanal

Die Absenkung der Testgas-Temperatur bringt eine Re-Zahl Erhöhung bei gleichzeitig erheblicher Reduzierung der Querschnittsfläche der Mess-Strecke (LEHRT-Konzept : 21 m^2 auf 4,8 m^2 beim Kryo-ETW). Obwohl beim ETW die wirtschaftlichste Methode der Reynoldszahl-Erhöhung über das Druckniveau (hier 4,5 bar) nicht ausgeschöpft wurde (LEHRT: 6 bar) liegt beim ETW die Reynolsdzahl noch 25 % über der des LEHRT-Projektes.

Die niedrige Schallgeschwindigkeit des Testgases verkürzt bei vorgegebener Schleppdauer auch die Schleppkanallänge. Trotz dieser Schrumpfung der Abmessungen übersteigt die zu isolierende Oberfläche eines Kryo-Schleppkanals die eines Windkanales mit Rückführung um ein Vielfaches. Dem stehen jedoch andererseits deutliche Vorzüge gegenüber. Die bei einem Messlauf eingebrachte Wärme ist bei der Schlepptechnik um Größenordnungen niedriger als im energieaufwändigen Windkanal. Außerdem kann dieser verminderte Wärmeeintrag zwischen den Testläufen über Oberflächen-Wärmeaustauscher abgeführt werden mit deutlich besserem Kühlwirkungsgrad als bei der Spülkühlung im ETW.

10.3) Gasgemische mit schweren Gasen als Testfluid.

Der Nutzen von schweren Gasen als Testfluid liegt in deren von Natur aus niedrigen Schallgeschwindigkeit begründet. Nachteilig ist der von Luft abweichende Adiabatenexponent $\varkappa$, welcher jedoch durch Zumischung von Luft auf ein tolerables Maß getrimmt werden kann.
Für die aus Umweltschutz-Gründen nicht mehr produzierten Fluorkohlenwasserstoffe (Frigene) bietet sich ersatzweise das als Abfallprodukt verfügbare Kohlendioxid CO_2 als (halb)schweres Gas an. Dessen Verwendung in einem geschlossenen System ist auch nicht Umwelt-belastend. Die Tabelle zeigt die Stoffwerte für verschiedene Mischungsverhältnisse von CO_2 mit Luft bei p = 1 bar und T = 290 K.

Massenverhältnis m_{CO2} / m_L	0	0,25	0,5	0.75	1
Adiabatenexponent $\varkappa$	1,40	1,38	1,36	1,33	1.31
Schallgeschwindigkeit a [m/sec]	344	322	302	286	270
kinematische. Zähigkeit ν [m^2/sec] 10^{-6}	14,5	12,0	10,5	8,9	7,7

Die tolerierbare Abweichung des Adiabatenkoeffizienten vom Idealwert des zweiatomigen hängt von der Strömungsmachzahl ab. Bei Simulation von Start und Landekonfigurationen um Ma~0,3 spielt der $\varkappa$ –Wert praktisch keine Rolle. Im transsonischen Geschwindigkeitsbereich wird der tolerable Grenzwert von $\varkappa$ bei einem Massenverhältnis von ~ 0.75 erreicht.

Neben der oben beschriebenen Stoffwert-Einstellung allein über das Mischungsverhältnis besteht noch eine dieser überlegene Alternative. Mit Erhöhung des Druckes und Absenkung der Gastemperatur nähert sich der Adiabatenkoeffizient von CO_2 dem Idealwert des zweiatomigen Gases (bei Stickstoff entfernt er sich Richtung einatomiges Gas). Neben dem Adiabatenkoeffizienten spielt bei extremen Drücken und Temperaturen auch der Kompressibilitätsfaktor z als Korrekturfaktor vom idealen Gasverhalten eine zunehmende Rolle. Die erweiterte Gasgleichung schreibt sich damit.

$$p/\rho = z\,R\,T \qquad \text{mit } z(p;T).$$

Die Abweichungen von den Idealwerten $z = 1$ und $\varkappa = 1{,}4$ zeigen die folgenden Tabellen, wo die Werte von z, $\varkappa$ und der Schallgeschwindigkeit a für Stickstoff bei 120 K Betriebstemperatur und für Kohlendioxyd CO_2 bei einer um 120 ° höheren Temperatur von T = 240 K gegenübergestellt sind. Mit Kohlendioxyd sind schon bei „Kühlhaustemperaturen" Stoffwerte erreichbar, die denen von Stickstoff im Kryo-Temperaturbereich sehr nahe kommen und teilweise überlegen sind. Eine Betriebstemperatur von 240 K reduziert auch den Isolationsaufwand im Vergleich zu Kryotemperaturen erheblich. Bei Tests mit intermittierend betriebenen Versuchsanlagen kann die eingetragene Wärmemenge zwischen den Messläufen über Wärmeaustauscher mit gutem Wirkungsgrad abgeführt werden.

Stickstoff N_2 ; T=120 K

p_0 bar	z	$\varkappa$	a m/sec
1	0,99	1,42	222
3	0.96	1,45	219
6	0,93	1,51	215

Kohlendioxyd CO_2 ; T = 240 K

p_0 bar	z	$\varkappa$	a m/sec
1	0,99	1,33	244
3	0,97	1,36	242
6	0,94	1,39	237

11) Messtechnische Aspekte in Hinblick auf die Windkanal-Betriebsweisen.

Die Windkanalwaagen zur Messung der Strömungskräfte, wie auch die Druckscanner zur Ermittlung von Druckverteilungen am Versuchsobjekt sind bei heutigem Stand der Messtechnik im Rumpf des Versuchsmodells untergebracht. Insofern spielen die kinematischen Verhältnisse bei der Versuchsdurchführung keine Rolle. Bei der Modell-Schlepptechnik ist lediglich in der Beschleunigungsphase ein Überlastschutz für die Tangentialkraftwaage vorzusehen. Die Messdaten eines Versuchslaufs können gespeichert oder telemetrisch übertragen werden. Bei der Modellbeschleunigung auf die Versuchsmachzahl steigen die Strömungskräfte am Modell stetig an. Bei intermittierend betriebenen Windkanälen mit schlagartigem Strömungsaufbau kommt es hingegen zu Schwingungsanregungen des Sting – montierten Versuchsmodells. Die nutzbare Messzeit verkürzt sich so um die Abklingdauer dieser Schwingungen.
Ein Messproblem ganz anderer Art besteht bei kontinuierlich betriebenen Windkanälen. Die in einer Wheatstoneschen Brücke verdrahteten Messfühler wie Dehnungsmessstreifen werden im lastfreien Zustand auf Nullabgleich justiert. Bei einer sich über einen Stundenbereich hinziehenden Versuchskampagne mit variablen Druck- und Temperatur- Werten ist keine Kontrolle und Nachjustieren des lastfreien Nullabgleichs der Mess-Brücken mehr möglich.

12) Zusammenfassung

Die Simulations-Anforderungen im strömungstechnischen Versuchswesen haben sich durch die Raumfahrt beträchtlich erweitert. Die hier auftretenden hohen

Geschwindigkeiten führen zu sehr hohen Gas-Temperaturen in der Reibungsschicht. . Die dabei angeregten inneren Freiheitsgrade über Molekülschwingung – Dissoziation – Ionisation sind als träge Freiheitsgrade zeitabhängig. Daraus erwachsen durch die kinematische Umkehr der Bewegungsverhältnisse in der Windkanaltechnik erhebliche Probleme. Durch die „heiße Vorgeschichte“ der Gasströmung sind in der abgekühlten Gasströmung zum Testobjekt wegen der Trägheit „heiße Moleküle“ eingelagert. Mit Stoßwellenrohren/-Kanälen kann das durchlaufene Temperaturniveau in der Vorgeschichte zwar abgesenkt werden, aber zum Preis extrem kurzer Messzeit im Millisekunden-Bereich. In der Raumfahrttechnik stehen die flugmechanischen Beiwerte zur Steuerung und Stabilisierung von Abstiegsbahnen sowie Beherrschung der thermischen Belastung des Hitzeschildes im Vordergrund des Interesses, so dass man mit diesen Simulationsproblemen leben kann.

Die Anforderungen in der Luftfahrttechnik sind hier ungleich höher und erfordern die strikte Einhaltung der relevanten Ähnlichkeitsgesetze wie Machzahl und Re-Zahl. Mit dem starken Anwachsen der Flugzeuggrößen und der Steigerung der Fluggeschwindigkeiten entstanden in der Windkanal-Versuchstechnik Defizite in der Simulation der Re-Zahl. In USA und Europa wurden zur Lösung dieses Simulationsproblems Kryo-Windkanäle in Betrieb genommen. Die Antriebsleistung eines Windkanals steigt mit der dritten Potenz der Strömungsgeschwindigkeit in der Messstrecke. Die Absenkung der Schallgeschwindigkeit des Testgases bei Kryo-Temperaturen reduziert somit bei gleicher Machzahlsimulation auch die Strömungsgeschwindigkeit in der Messstrecke und damit auch die Antriebsleistung des Windkanals erheblich. Die Antriebsleistungen der NTF und ETW Kryo-Windkanäle liegen im zweistelligen Megawattbereich. Die korrespondierende Wärme muss laufend durch Kühlung abgeführt werden. Dies geschieht beim NTF durch die Verdampfungswärme von bis zu 500 kg / sec eingespritzem Flüssig-Stickstoff. Der Kühlwirkungsgrad als Verhältnis der Verdampfungswärme zu Energieaufwand zur Stickstoffverflüssigung liegt im einstelligen Bereich und erklärt den hohen Kühlmittel-Einsatz. Somit bleibt das Problem des extrem hohen Gesamt-Energieaufwandes ungelöst.

Die Ursache hierfür liegt in der kinematischen Umkehr der Bewegungsverhältnisse im Windkanal. Ein Ausweg aus dieser unbefriedigenden Situation muss hier ansetzen. Dabei kann Nutzen aus der Entwicklung der Linearmotor-Technik gezogen werden. Das Potential dieser neuen Technologie zeigt sich neben der Verkehrstechnik (Transrapid)) auch auf anderen Feldern. So wurden die Dampfkatapulte auf Fugzeugträgern durch Linearmotor-Technik ersetzt. Zur Nutzung dieses Potentials auch im strömungstechnischen Versuchswesen wurden einige Konzeptionen vorgestellt.

Auch über die Wahl des Testgases lassen sich deutliche Absenkungen des Energieaufwandes erreichen. Die Verwendung von CO_2 als Testgas führt schon bei Kühlhaustemperaturen zu Schallgeschwindigkeiten, die denen von Stickstoff bei Kryotemperaturen sehr nahe kommen, bei gleichzeitiger Annäherung der Gaskonstanten $\varkappa$ und z an die Idealwerte des zweiatomigen Gases, wie es in unserer Atmosphäre vorliegt. Bei Stickstoff nähern sich diese Stoffgrößen bei Kryotemperaturen hingegen denen des einatomigen Gases.

Literatur

[1] Julius, C. Rotta
Die Aerodynamische Versuchsanstalt in Göttingen, ein Werk Ludwig Prandtls
Vandenhoeck Ruprecht. Göttingen

[2] The Need for Large Windtunnels in Europe.
Report of the Large Windtunnel Working Group.
AGARD- AR-60. 1972

[3] Heppe, R.R., O´Laughlin, B.D. Celniker
New Aeronautical Facilities. We need them now
Astronautics & Aeronautics, Vol 6, No.3

[4] Facilities and Techniques for Aerodynamic Testing at Transonic Speed and High Reynolds Number.
AGARD CP- 83. 1971.

[5] Decken, J.v.d., Ewald,B. Grauer Carstensen,H. Heinzerling, W. Lorenz-Meyer, W.
The Need for a Large European High Reynolds Number Transonic Windtunnel LEHRT
BMFT-FB W 77-01

[6] Ludwieg, H.
Der Rohrwindkanal. Z. Flugwiss. 3 (1955)

[7] Hottner, Th.
Hybridtechnik zur Erzeugung transsonischer Anströmungen hoher Reynoldszahl.
Z. Flugwiss. 22 (1974).

[8] Hottner, Th.
Transsonische Umströmungssimulation durch Fahrtwind und Blaswind.
Z. Flugwiss. Weltraumforschung, 3 (1979), Heft 5

[9] Hottner, Th.
Experimental investigations of a hybrid wind tunnel model
Experiments in Fluids 7 (1989).

[10] Hottner, Th.:
Theoretical and Experimental investigations of wall adaptation control in wind tunnel and hybrid wind tunnel testing.
Experiments in Fluids 19 (1995)

Zeittafel

	Strömungsversuchs-technik	Energietechnik	Verkehrstechnik	Messtechnik
 1500				Luftkraftmessung Leonardo da Vinci Codex Atlanticus
1700	Untersuchungen am ruhenden Modell in fließendem Wasser Mariotte (1670)			
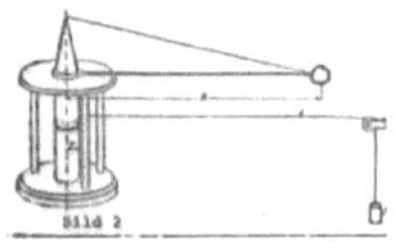 Bild 2 1750	Pendelversuche Fallversuche.Newton 1710 Rundlauf mit Schwerkraft-Antrieb. Robins 1746			Pitotrohr 1732 Ballistisches Pendel Robins (!742)
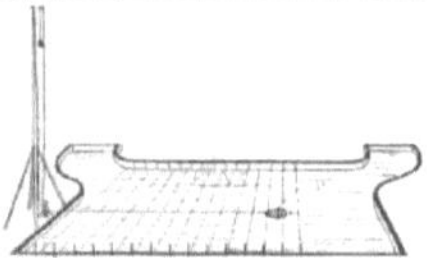 1800	Modell-Schleppmethode mit Schwerkraftantrieb (Borda 1763, D'Alembert 1775) Modellversuche an Wasserkraftmaschinen (Smeaton 1759)	Theorie der Wasserkraft-maschinen Euler 1754 Dampfmaschine mit Drehbewegung Watt 1783		
1850		Rotierender Stromerzeuger (Pixii 1832) Elektromotor (Jacobi 1834) Radial-Turbine (Francis 1849)	Dampflokomotive (Trevithik 1803, Stephenson 1829)	Dezimalwaage (Quintenz 1821 Photographie (Niepce, Daguerre 1826/39)
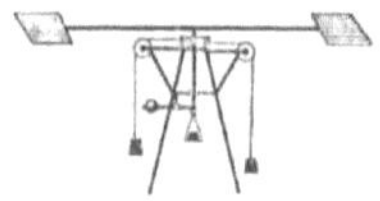  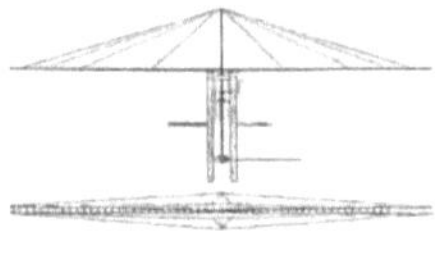  1900	Rundlauf für Auftriebs- und Widerstandsmessung (Lilienthal 1866) Windkanal mit Radialgebläse (Roy. Aer. Soc. 1880) Dampfstrahl-betriebener Windkanal (Philipps 1884) Flügelschlag-Apparat (Lilienthal 1889) Rundlauf mit Dampfmaschinen-Antrieb (Langley 1891) Stoßwellenrohr Vieille 1899	Bleiakku (Plante 1859) Dynamomaschine (Siemens 1866) Viertakt-Gasmotor (Otto 1876) Pelton Turbine 1880 El. Kraftwerk (Edison 1882) Schnell-laufender Benzinmotor (Daimler, Maybach 1883) Magn. Drehfeld Ferraris (1885) Dampfturbine (Parsons 1884, de Laval (1889) Drehstrommotor v. Dolivo-Dobrowolski 1889 Dieselmotor 1893 Luftverflüssigung (Linde 1895)	Automobil (Benz 1885) Gleitflugzeug (Lilienthal 1890)	Schlierenverfahren (Toepler 1866) Schattenverfahren (Dvorak 1880) Venturi-Rohr (Herschel 1887) Elektromagnetische Wellen (Hertz 1888) Interferometer (Mach-Zehnder 1890) Kinematograph (Lumiere 1897) Kathodenstrahlröhre (Braun 1897)

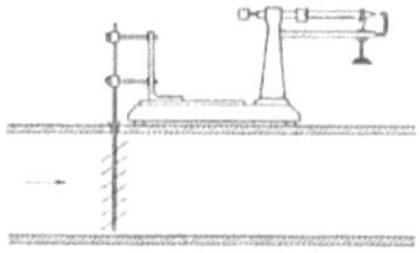  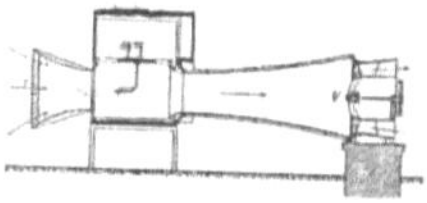 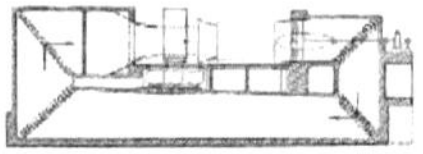 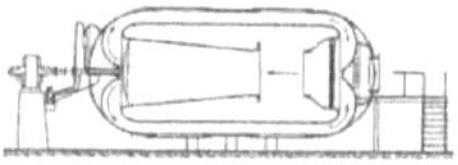 1925	Wright-Windkanal (1901) Gitterwindkanal (Shukowski 1902) Fallversuche (Eiffel 1903) Eiffel-Windkanal (1909) Prandtl-Windkanal (1917) Überdruck-Windkanal (Langley-Field)	Gasturbine (Holzwarth 1906) Supraleitung (Kammerling-Onnes 1911) Schnelle Wasserturbine (Kaplan 1912)	Motorflug (Weißkopf 1901) Motorflug (Wright 1903) Autogiro- Drehflügelflugzeug (De la Cierva 1922) Flüssigkeitsrakete (Goddard 1923)	Tondraht (v. Poulsen 1900) Elektronen-Röhre (Fleming 1904) Verstärker-Röhre (v. Lieben 1906) Röhren-Sender (Meißner 1913)
1950	Überschall-Windkanal (Ackeret 1934) Kryo-Windkanal (Smelt 1945) Counterflow- Versuchsanlage (Allen 1946)	Überschall- Axialverdichter (Weise 1943)	Strahltriebwerk (Wittle/ v. Ohain) Magnet- Schwebetechnik (Kemper/AVA 1938) Hubschrauber (Focke 1937) Düsenflugzeug (Heinkel 1939)	Magnetband Pfleumer 1929) PCM-Telemetrie- Technik (Reeves 1939) Dehnungsmess- Streifen (Ruge 1938) Relaisrechner (Zuse 1941) Elektronischer Rechner (Mauchly,Eckert 1946)
	Helium-Hyperschall- Windkanal (Bogdonoff 1950) Stoßwellen-Kanal (Hertzberg (!951)			

1960	Rohrwindkanal (Ludwieg 1955) Gun-tunnel (Stalder,Seiff 1955) Leichtgas-Kanone Crozier,Hume 1957) Hot-shot Kanal (Perry, Mac Dermott 1958)			
1975	Tandem-Stoßwellenrohr (Trimpi 1962) Longshot-Kanal (Perry 1964) Aktiv-adaptierte Messstrecken-Wände (Ferri, Sears 1973) Hybrid-Windkanal (Hottner 1974)	Leistungs-Elektronik Thyristortechnik	Luftkissen-Technik (1963) Linearmotor-Entwicklung (1969)	Interne DMS-Windkanalwaagen Laser (Maimann 1960)

Zeittafel strömungstechnischer Versuchsanlagen und peripherer Technologien

Betriebsweisen verschiedener Windkanal-Bauarten.

Anlagenbezeichnung		kinematische Verhältnisse		Methode der Blaswind-Erzeugung (Ziffern geben Reihenfolge an)		
		Blaswind	Fahrtwind	Stoßwelle instationär	Expansionswelle stationär (Düse)	instatic
Windkanal		●			●	
Stoßwellenrohr		●		●		
Stoßwellenkanal	a) durchlaufender Stoß	●		1	2	
	b) reflektierter Stoß	●		1*	2	
Tandem - Stoßwellenrohr		●		1		2
Ludwieg - Rohr		●			2	1
Leichtgaskanone			●			
Hybrid - Windkanal		●	●			●

* nur Druck - und Temperaturerhöhung des Testgases

Verzeichnis der Bilder.